まる　ありがとう

まえがき

本書は飼い猫のまるが死んだことについて、旧知の大津薫君が聞き書きでまとめてくれたものである。大津君は長年のお付き合いなので、こちらの気持ちをよく捉えて書いてくれたと感じる。まるの死について、あちこちから感想を聞かれることがあった。私は感情や自分の想いを書いたり語ったりすることが好きではないので、はかばかしい返答をしたことはない。大津君はそこを上手に切り抜けて、本人が嫌がるのを無理にというわけではなく、粘り強く取材を重ねて、まるへの想いを1冊の本に仕上げてくれた。

物事を理屈にすることに長年励んできた。80歳をじゅうぶんに超えてみると、馬鹿なことをしたものだと感じている。理屈で説明しようがするまいが、物事が変わるわけではない。その意味では、理屈にすることは一種の虐待であって、何に対する虐待かというなら、「生きること」に対する虐待であろう。まるは理屈なんか言わず、素直に生きて、素直に死んだ。今でも時々、しみじみ会いたいなあと思う。また別な猫を飼ったら、といわれることがあるが、それでは話が違うのである。まさに一期一会、かけがえのないとは、このことであろう。

目次

図らずも人気者に

飼い猫のまるが死んでから、ずいぶんお悔やみのメールをいただいた。

最近はＮＨＫの番組でも取り上げられて、関心を持ってくれる人が増えていた、ということもあったのだろう。講演に呼ばれて地方に出張すると、まるのことを話題にされる人が多くなっていた。はっきり「まるのファンです」と言ってくる人もいた。広島県の宿でサインを求められて、表紙を見たら、まるの本（『猫も老人も、役立たずでけっこう』河出書房新社）だった。

まるが死んだ翌日、共同通信の記者が「ニュースで取り上げたい」と言ってきた。たかが飼い猫の死を新聞で報じるなんて、読む人がどう感じるか。最初は遠慮しようとしたら、「全国にファンがいるから」と言う。私を説得しようとして、志村けんさんの動物の番組で人気になった犬「わさお」が死んだ時のニュースをすぐにメールで送ってきた。わさおの死だって、こうして真面目にニュース

で取り上げられているので心配には及びません、そういう意味なのだろうと理解した。それなら、と記事にしてもらった。ネットニュースにも上がって、それを目にした知人からメールで弔電が届いたというわけである。

もちろん、気にかけてもらって嬉しかった。それだけ気にしてくれている人がいるのなら、結果的に報道してもらって良かったと思う。

いつからそんなことになったのか。

きっかけは、おそらく2008年3月に読売新聞で取り上げられたことだ。そこに掲載された写真が、およそ猫らしくない。まるが人間のように直立して遠くを見つめている。その姿は、まるで信楽焼の狸。頭に笠をかぶせて、金袋と徳利を下げたら完成である。

座り方にも、愛嬌があった。まるはスコティッシュフォールドの雄猫である。猫種の特徴らしく、後ろ脚を前に投げ出して、お尻を床にぺたんと付ける。「スコ座り」というらしいが、力士が腹を出して座っているような格好に似ているから、娘が「どスコい座り」と名付けた。

スコティッシュフォールドは名前の通り、スコットランドに起源を持つ、折り畳まれた（フォールド）耳が特徴の猫である。

歴史は比較的新しく、最初のスコティッシュフォールドは1961年、田舎の小さな農場で誕生したそうだ。折れ耳だったその猫は「スージー」という名前を付けられ、やがて子猫を産んだ。子どもの中にも折れ耳がいて、それが気に入られて、計画的な繁殖が始まったという。性格は、まるがそうだったように、おっとりとしていてマイペース。顔は丸く体型はがっちりしていて、四肢は太くて短い。折れ耳は突然変異で一種の奇形だろう。直立するのもスコ座りの理由も、先天的に腰や股関節に異常があるからかもしれない。とにかく、愛嬌がある猫種である。

まるも、そんなしぐさやたたずまいが面白がられたこともあって、フォトブックが3冊も出版されることになった。

ときどきまる

まるはＮＨＫの番組になったことで、ずいぶんと知名度が上がった。ドキュメンタリージャパンという制作会社のディレクター永井朝香さんは最初、私がいつも仕事をしている鎌倉の書斎を取材するために訪ねてきたのだが、打ち合わせの時、初めに玄関で迎えたのが、まるだった。廊下のど真ん中に座り、恰幅の良さとあまりに堂々とした態度に永井さんは驚いたらしい。

そして打ち合わせ中にも、私にえさをねだったり、ドアを開けろといってきたりして話が中断する。取材が始まってからも同様で、私がインタビューに真面目に答えているとレンズの前に、どさっとお構いなしに割り込んでくる。そんなことが繰り返されているうちに、面倒くさくなって「いっそ、こいつを撮ってよ」ということになった。制作側の狙いもいつの間にか変わって、タイトルは「まいにち養老先生、ときどきまる」となり、二人が主役のような番組でスタートすることになった。どうやらそれが評判が良く、シリーズ化された。

そのうちディレクターの方も、カメラ前に遠慮構わず登場してくるまると私が絡む場面が面白く思えてきたようだった。

成り行きといえば成り行きなのだが、私の肚《はら》に何もなかったかといえば嘘になる。何がいいたいかというと、今まで私が講演会や書物などでいろいろ述べてきたことも所詮は理屈の世界のことであり、そうやって何千回、何万回と、言葉を重ねるよりも論より証拠、まるを見てもらった方がいい。そして結果的に、それで良かったのだと思う。

図らずも、飼い主が戸惑うくらいの人気者になってしまったが、当然ながら、まる自身はどこ吹く風。いつも「そんなこと、知るか」という顔をしていた。まるを取材に訪れたある新聞社のカメラマンが良い写真を撮るため、私に長い時間だっこさせようとした時も、実に迷惑そうな顔をしていた。

人間の年齢でいうと、90歳くらいの大往生である。私も80歳を既に超え、「自

分の寿命が先か、まるが先か」と言っていたら、まるの方が先に逝ってしまった。死因は、拘束型心筋症からくる心不全。

２０２０年６月、私は心筋梗塞の手術を受けた。急に体重が10キログラム以上落ち、これは普通ではないということになった。自分では消化器系のがんを疑い、検査のつもりで入院したら、心筋梗塞との診断。即、集中治療室（ＩＣＵ）へ入ることとなったが、胸が痛くも苦しくもなかったのが、とても不思議だった。そして運良く娑婆に戻ってこられたが、入れ替わるように、まるの心臓が悪くなった。

「きっと養老さんの不調を、まるが引き受けてくれたんですよ」。知人の何人かに、そう言われた。そんなことが実際にあるのかどうか、分からない。ただ私が、まるから多くのものを

もらったことは、紛れもない事実である。

最期

あまり思い出したくないが、まるの最期について語っておこうと思う。

まるの具合がいよいよ悪くなっていったのは２０２０年11月ごろである。腹水がたまって、時折、不安が募るのか、よく鳴くようになっていた。それからは、虫の整理をしている箱根の家に行くのを控えて、なるべく鎌倉の家の方にいるようにしていた。

まるが屋根の上でひなたぼっこをしているのを見てたら、カラスが来て背中を突っついてきた。カラスも、相手に死期が迫っているのを分かっているのである。元気な頃だったら、振り向いて威嚇するなり、戦うなり、しただろう。まるは何もしなかった。というより、完全に諦めて反応できないようだった。気落ちしたのか、しょんぼりしているように見えた。「頑張れ」と言うのがかわいそうなほど、弱っていた。

それから間もない12月21日に死んだ。その日は、たまたま箱根でNHK番組の取材を約束していた。朝、家内から「もう駄目みたい」と電話がかかり、近所で待機していた取材クルーの人たちを呼んで、慌てて車に乗り込んだ。テレビで、その場面をご覧になった方もいると思う。車で鎌倉に帰宅するため西湘バイパスを走っている時、家内から再び電話がかかってきて、死んだことが告げられた。

自宅に着いたら、亡きがらは、まるが息を引き取ったボケの木の下に、そのまま置いてあった。家内が死体の上に日差しとカラス除けの傘をかけ、ポインセチアの花が添えてあった。体調が悪いのはだいぶ前からはっきり分かっていたし、覚悟もしていたので、驚きはしなかった。そうか、死んだのか。来るべきものがとうとう来てしまったな。そういう感じだった。

死ぬ間際の様子を家内に聞いたら、どうしても外に出たがるので、仕方がないから玄関から庭に出した。ところが、少し目を離した隙に姿が見えなくなり、探しに出たらその庭の脇の斜面を落ちて、下の方の草木に引っ掛かっていた。おそらくどこかへ行こうとしてうろうろしているうちに体を支えきれなくなり、斜面をずるっと滑ったのだと思う。抱き上げた時はまだ息があったそうだ。

　ボケの花は、まるがいつもひなたぼっこをしていた縁側の近くにあり、その木の下で休ませていたら、しばらくして息をしなくなったという。まるは、眩しすぎず、暑すぎないのがいいのか、木陰で日差しがまだらになっているような場所が好きだった。この日も冬の合い間の暖かな日で、最後に横たわっていたのも、そういう場所だった。安らかで、眠っているような顔をしていた。

　東京に住んでいる娘も帰ってきて、みんなでお別れをした。亡きがらは、その日のうちに火葬場で焼いてもらうことにした。まるを入れた箱を抱え、家族そろって玄関を出た。

　最近はペットの葬式もあるらしいが、お経もあげなかった。そういうことをするのは、何だかお坊さんに悪い気がしたからだ。ただ、テレビカメラに見守られて出棺した猫は、そうはいないはずである。

死に場所

それにしても死に際、まるはどこへ行こうとしたのか。よく猫は飼い主に死んだ姿を見せないために、死期を悟ると自ら姿を消すという。

人間にそこまで管理されたくないのか、「自然に還れ」という情報が遺伝子の中に記録されているのか、本当のところは分からない。単に体調の苦しさから逃れるため、どこかへ行こうとしただけなのに、人間の目には意味があるように見えているだけかもしれない。相手はしゃべれないのだから、所詮はこちらの解釈である。

まるの前に飼っていた雌猫のチロもそうだった。元旦の雪の日に死んだから命日を絶対に忘れない。どうしても庭へ出るといって聞かないので、段ボール箱を庭に置いてその中に入れてあげた。チロは、家族の見守る中で死んだ。ともかく、猫は死に際にどこかへ行きたがる。

実は、まるの具合が悪くなってから外出しようとしたのは、この時だけではない。死ぬ1カ月前にも、姿が見えなくなった。何でいなくなったんだろうと必死で探し、それで近所で見つけた。探さなければ、あのまま戻ってこない可能性もあった。心配した家族にしてみれば、「見つかって良かった」となるわけだが、まるがもし定説通り死に場所に向かっていたのなら、「余計なことしやがって」と思ったことだろう。何しろ、まるは私に見つかったおかげで、それから一カ月ほど病院通いになってしまったからである。だから今も、まるを探したのは私のわがままだったかな、好きにさせてやればよかったかな、と思うことがある。

人間も、自分の死に場所は自分で決めたい。病院で死にたくない、家で死にたいというのを周囲がとめたり、あるいは本人が延命治療を拒否したいのに、家族が反対したりするのと同じようなものだ。

家族にしてみれば、病人のことをいたわって悩むのは当たり前で、どのような行動が正しかったのかなんて、結論はおそらく出ない。一言で愛情といっても、

ありがたいケースばかりでなく、ただの執着というか、押し付ける愛もある。愛は難しい。

昔からよくいう「ゾウの墓場」という場所が本当にあるのかは知らないが、死に場所を求めて姿を消すゾウの気持ちは分からぬではない。あんなに大きな動物の死骸がそこら辺に転がっていたら、目立ってしょうがない。仲間の邪魔にならないように、なるべく自分の知っている世界から消えようとする。そんな気分が動物にあっても、不思議はない。

昔なら猫が姿を消せば「あいつ帰ってこないなあ。どこかで死んだんだろうな」で終わっていたはずである。

少しだけ自分を慰められるとしたら、いなくなって探した時に、まるを見つけた場所を後でよく見たら、少し上の方に観音像があったことである。観音様の視線の先にあった草むらから、まるがひょこっと顔を出した。ひょっとしたら、本当のまるは希望通りどこかで死を迎え、あそこから出てきたのは、観音様が不憫に思って私のもとに寄越したまるだったのではないか。

Winston
03月24 09:56
Canon

Level 29
24/30
24/30
26/30

まるが来た日

まるが初めて鎌倉市のわが家にやって来たのは２００３年９月だったそうだ。「そうだ」というのは、その時の印象を聞かれても、不思議なくらい何も思い出せないからである。「バカの壁」の奥付をみると同じ年の４月になっている。あの本が予想以上に売れてしまったため、取材や講演依頼がたくさんくるようになり、ちょうど忙しくなった時期と重なったこともあるだろう。それと、生き物好きなのに動物たちとあまりべたべたした付き合いを好まない私の性格もあったかもしれない。

私は子どもの頃から生き物が好きだったので、常に動物が身近にいた。とはいえ、実は動物に対しても人間への態度と一緒で、「切れたら致命的」という関係は持たない方がいいと思っている。だから、あまり深く感情的に関わらないようにしてきた。

中学生の頃、カニクイザルのモモちゃんを飼った時のことだ。モモちゃんは映画会社の松竹が大船撮影所で撮影のために使った後、里親を探していたのでわが家で引き取った。マレーシアの熱帯地域からきているので冬が寒い日本の気候に合わず、あまり長生きできなかった。

知能も高く、たき火にあたるしぐさから表情から、猿くらいになると人間の幼子に死なれるのと一緒で、精神的にしんどかった。そればかりが理由ではないが、過度に依存するような関係

を何となく避けてきた。そんなふうだから、まるも最初から大きな存在だったわけではない。帰宅してまるの姿を見て「ああ、いるな」という感覚だった。まるが初めて来た時のことをよく思い出せないのは、そういうべたべたした関係を好まない私の性格が、きっとある。

まるは、猫好きの娘が、女房が海外へ旅行している隙に、連れてきた。というのは、まるの前に飼っていたチロはテーブルに上がってよく食べ物に手を付けていたので、そのせいで女房はすっかり猫嫌いになっていたからである。娘は奈良県にいたまるをインターネットで見つけて気に入り、どうしても飼いたいが、相談すれば母親に猛反対される。そう思って、既成事実をつくったのである。

日常

私が秘書として養老研究所に入社したのが2005年ですから、その時が最初の出会いです。まぁくんは3歳でした。

実家で猫を飼っていたので、触り方が良かったのかな。「ああ、こいつは分かってるな」という感じで、最初から認めてもらえたみたいです。そう、それがまぁくんの面接だったんですよね。

お仕事は、目の前に先生がいらっしゃるし、編集者をはじめ、いろんな方から電話がかかってくるので最初は緊張しました。まぁくんはマイペースというか、見ての通りの雰囲気の猫ちゃんですから、ずいぶん気持ちをほぐしてもらいましたね。

秘書は仕事柄、先生が仕事をしやすい環境をつくらなければなりません。同じようにまぁくんからも、呼ばれれば「はいはい」と、

秘書・玲子の今日もまぁくん日和 コラム①

ごく普通に〝会話〟してました。

仕事をしていると、引き戸を開ける音がして、見るとまぁくんが立ってる。「何?」と尋ねると、「雨、降ってきたよ」とか、「トイレきれいにしといて。いまウンチしたから」とか。ただ「仕事してんの?」と言うだけのときもあります。

もちろん「にゃあ」という鳴き声だけなんですけど、長く一緒に暮らしていると、不思議に分かるんですね。

先生が「同じ生き物同士」という感じで接していましたから、まぁくんも自分をみんなと平等に感じていたと思う。…いや、主従関係とかそんなことさえ、まるで何も考えてなかったかな。自由きままだったから、そんな野暮なこと、全く気にしてなかったかもしれませんね。

研究所は先生の仕事場とご自宅が一緒になっています。ご家族が

海外旅行で1週間ほど不在にされることがあります。私が出社して「おはよう」と声を掛けると「夜中じゅう誰もいない。寂しかっただろ」と機嫌が悪い。

それから数日は、私との生活。それはそれでとても楽しい時間でしたが、夕方に帰宅するときは外にいるまぁくんを家に連れ戻して、鍵を締めなければなりません。いつもなら外で自由に用を足せるのに、連れ戻されて頭にくるんでしょう。トイレにしないで、わざわざ廊下にしてくれたこともありました。

ご家族が帰宅すると、最初は「どこへ行ってたんだ」みたいにむすっとしてるんですが、しばらくすると、ほっとしたように、いつものウッドデッキでごろ寝が始まる。それを見て私も「ああ、日常が戻ってきたな」と感じるのです。

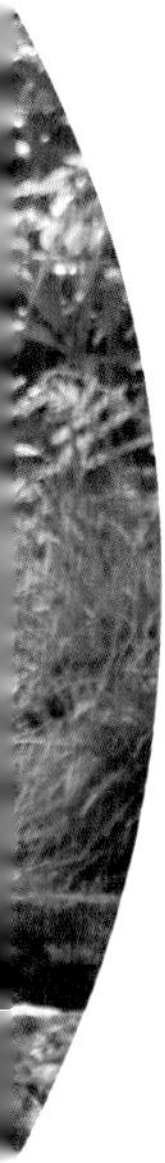

無口な猫

動物は、好きにさせておくと機嫌がいい。わが家にやって来たまるは、自由気ままな猫だった。行きたいときに、行きたい場所へ行き、したいことをする。鎌倉の自宅は行き止まりの奥にあって、近所は自動車が通らない。お寺があって墓があって、緑もあり、野鳥やリス、虫やヤモリも出る。動物は自由なのが一番幸せなので、玄関の引き戸を少しだけ開けておく。まるはそこから家と外を自由に出入りしていた。

私が仕事から帰宅すると、まるの頭を軽くぽんと叩くのが挨拶代わり。まるは、その度に振り返って「何だよ」といった表情で私の方を見る。愛想がいいわけでもない。「無口な猫」というと変な言い方になるが、空腹のとき以外は、主張するようなこともない。

だが、不思議なものである。そんなまるの性格がこちらから気にかける理由に

なってしまった。感情移入が年月を重ねるごとにどんどん深くなり、死なれてみると、気持ちを整理するのに時間がかかった。死んでしばらくは玄関の引き戸の隙間を残す癖がなかなか抜けず、うっかりしっぽを踏まないように足元に気をつけたり、居そうな場所にふと視線が向いたり。そういうときに、いないな、何でいねえんだよと思う。ああ、そうか、死んだのかと気付く。

ペットロス

最近、ペットロスという言葉を聞く。

犬猫は昔、番犬にしたりネズミを捕らせたりと、使役動物として、きちんとした仕事を持たされていた。今は愛玩動物（ペット）として、かわいがられることだけが役目になっている。もちろん田舎の方へ行けば昔ながらの飼われ方をしている犬猫もいるが、都会は今、ほぼ愛玩動物ではないかと思う。昔は犬猫を飼う場合も、いつかは必ず別れがくるということを、ごく自然に受けとめていた。それが当たり前だった。

本来、生き物の死は〝自然の一部〟として認識されていたのに、都会はそれを過剰なまでに社会から遠ざけてしまった。

以前からよくいっていることだが、都会は人間の意識がつくりだしたものだ。でこぼこの道は舗装され、高い建物を造って、エレベーターで昇る。土をアス

ファルトで埋め尽くして、人間が頭の中で考えた規格通りの環境をこしらえているうちに、嫌なもの、不都合なものを遠ざけてしまった。人間の脳にとって、自然はやっかいなものである。中でも、死はどうにも不吉なものだから、都会はなるべく遠ざけようとしてきたのである。私はそのように脳の中の意識で出来上がった社会を「脳化社会」といってきた。

「死の壁」という本で、人の死を想定していない団地のことを書いた。医学部の解剖学教室にいた頃、東京都板橋区の高島平団地に献体を引き取りに行った時のことだ。12階か13階だったと思う。遺体をエレベーターに載せようとしたらお棺が入らない。そのように設計されていなかったのである。仕方がないので、お棺を縦にして入れた。

後年、この建物の設計に関わった人と話す機会があり、理由を聞いたら、郊外の一軒家に引っ越すまでの若夫婦向けの住まいのつもりで、亡くなるまで住むとは想定していなかったとのことだった。調べると、高島平団地の事業計画が出た

のが1966年で、第一次入居開始が1972年である。どうもその頃から、人の死が消えたように思う。そういう社会では、墓地や火葬場は迷惑施設のように扱われるし、「死の予感」がきれいさっぱり取り除かれている。

作家の日野啓三さん（1929〜2002年）に解剖を見学させてほしいと頼まれたことがある。ところが、日野さんはしばらくして「やっぱり、ちょっと考えさせてほしい」と言う。結局、見学に来られたが、いったん躊躇した理由を尋ねたら「死体を見てしまうと、自分の感性が変わって、これまでやってきた仕事への価値が全て違ったものに感じてしまうような気がした」と言うのである。私はその時、日野さんに「変わる方が自然でむしろ正しいんじゃないですか」と答えた。

「九相図」は中世からある、人が死んで朽ち果てるまでの九つの姿を表現した仏教絵画である。死体が腐っていく経過を9段階で捉えることを九相観といい、仏教にはその前で瞑想する修行もある。日本では、九相図が寺に飾られる。

　さまざまな種類の九相図があるのだが、例えばある1枚は、湯灌《ゆかん》を終え、着物を掛けた若い女性が畳の上に横たわっている。肌が黒ずんできて、腹にガスがたまって膨らんでくる。やがてカラスや野犬に食われ、最後は骨さえもばらばらになってしまう。

　私はこの九相図を見た時、非常に驚いた。これは誇張を狙った絵ではなく、写生であり、このように、亡くなったばかりの死体が時間を掛けて風化していく様子を詳

細に観察して描くような文化は、西洋にはおそらくない。こういうものと冷静に向き合い、描くことのできる人々が私たちの祖先にいたという事実に、私は感銘を受けた。鎌倉仏教は日本独自の仏教といわれるが、日蓮や道元、法然や親鸞は九相観のような感性を備えた人々だったのではないか。無常観を表した「平家物語」や「方丈記」も、このような精神的風土を背景に書き上げられたのではないかと思う。

平安時代から鎌倉時代への変わり目というのは、常識が相当な勢いでひっくり返った時期であった。平安時代というのは安定した時代で、首から上、つまり意識が優先される情報社会である。和歌の「詠み人知らず」というのは、平安時代の情報社会をある意味、象徴しているといえまいか。作者は滅びているのに、歌は情報としてしっかり残っているのである。そして戦で多くの命が失われて鎌倉幕府が完成すると、それまでの大前提がひっくり返り、身体性の時代になる。「方丈記」の「ゆく川の流れは絶えずして…」には、まさにこの時代の空気が表

れている。みるみるうちに変化していく川の水に、人体の自然性に対する無常観が表れているのである。
死体は、自然の法則の中に厳然としてある現実である。世の中に、見ないで済めばそれに越したことはない類いのものは、確かにある。だが、死は人が必ず通る道であり、それと向き合うことができない方がおかしいではないか。死を意識から遠ざけることを「変ではない」と頑張り、それが文明人だというのなら、「じゃあ、あんたは死なんでくれ」

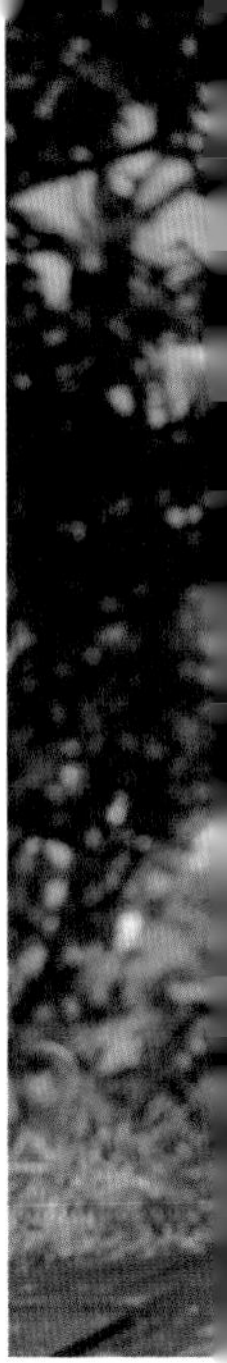

と言うほかない。

死というものが極端なまでに遠ざけられるようになったのはいつ頃の時代のことなのか。中世までは確実にすぐ傍らにあり、江戸時代ごろに変質したと私はみている。それは都市化と無縁ではない。

話を現代に戻すと、私の住む鎌倉を含む東京近郊では、高度経済成長期のあたりからその傾向が極端になったように思う。地方から人が集まり、東京へ通う勤め人のために宅地化が進み、核家族化が進んだ。

人命は地球より重いか

日本赤軍が日航機をハイジャックして、日本で服役、拘留されていた仲間の釈放を求めたダッカ事件は、高度成長期を終え、日本が安定成長期といわれる時代に入った1977年の出来事である。日本政府が6人を超法規的措置で釈放する際に、時の総理大臣、福田赳夫が「人命は地球より重い」と言った。

これを美談風に受けとめている人は反発するだろうが、はっきりいって地球よりも重い命など存在しない。というより、そもそも比べられるものでさえもない。もちろん人の命はかけがえのないものだが、地球がなくなってしまえば、人命どころの騒ぎではなく、すべての生物が死に絶えてしまうのである。

もちろん、福田赳夫がそのことを知らぬはずはない。政治家が、時代の空気を読んでそう発言したまでのことだ。戦前戦中の全体主義から戦後、一転して個人尊重の世の中になり、それはそれで結構なことと思うが、最近は「行き過ぎだな」と感じるようになった。何事も、バランスが大切である。

医療が進歩して平均寿命が延び、それとともに個人尊重の価値観が進んで、1977年は「人命は地球より重い」という言葉が人々の耳に心地よく響く時代になっていた。そうして人一人の命が地球よりも重くなった結果、昔の人の意識にごく自然に備わっていた死に対するある種の諦念が希薄となり、生への期待が極端なまでに高まっていった。

ペットロスという概念も、おそらくその延長線上にある。動物を飼う目的が使役だった時代には、飼い主は恬淡としていたが、愛玩動物は心の拠り所となりやすい。そうなると感覚的には、ペットの死も肉親の死に近くなる。突然訪れた身近な死は、すぐに受け入れ難い。それが人だけではなく、同居する動物にまで広がったのが、ペットロスという現象なのだろう。

まるが死んでから分かったこと

私が大学で学生に教えていた解剖は、人間の体がどのようにできているか、その仕組みを調べるためにやっていた「系統解剖」と呼ばれるものである。死んだ理由を調べるのは「病理解剖」という。「法医解剖」は犯罪の疑いがあるときに死因を調べるためのものである。そのように、生き物には死んでから初めて分かる事実というものがある。

まるは解剖していないが、死因ははっきりしていた。先ほど書いたように、拘束性心筋症からくる心不全である。心室の形が生まれつきいびつで、心筋が収縮はできるが、十分に膨張できない。心臓が動きにくくなって循環が十分に機能しないから、胸水や腹水がたまってくる。そうした不調を抱えて生きていたということが、死を前にした診断で初めて分かったのである。どてっと寝転んでばかりいたのは、何も性格が怠け者だったのではなく、心臓の具合が悪かったのか、と知ることとなった。

鎌倉はわりあい自然のある場所だから、子猫の時は庭にリスや野鳥、ヤモリなんかが来ると追い掛けていた。一度、外のリスに反応して窓ガラスに激突したことがある。それに失敗してからは、来ても一切無視だった。おとなになってからは、疲れることは一切しなかった。

よく考えれば、動物らしい素直な反応である。これが人間だったら理屈が入ってくるから、果たさなければならぬ義理でもあれば、体調の悪さを押してでも出かけなければならない。義理と人情を秤にかけりゃ、義理が重たい男の世界と歌ったのは高倉健である。他人の葬儀で寒い中を長時間立たされた年寄りの体調が悪くなったなどという話を聞くが、そんな義理は動物には関係がない。子猫の時は猫らしくいろいろ頑張ってみたが、いっぺん勢いよく走ってみて「なんか具合が悪いな。もう走らない方がいいいな」と感じて極力、動かないようにしていたのだろう。

それを知らないからこちらは、猫のくせに動かないで太ってのんきなやつだなあ、などと勝手に思っていた。まるがもし言葉を理解していたら、「事情も知らないくせに勝手なことを言いやがる」と思っていたことだろう。だとすると、少し気の毒なことをした。

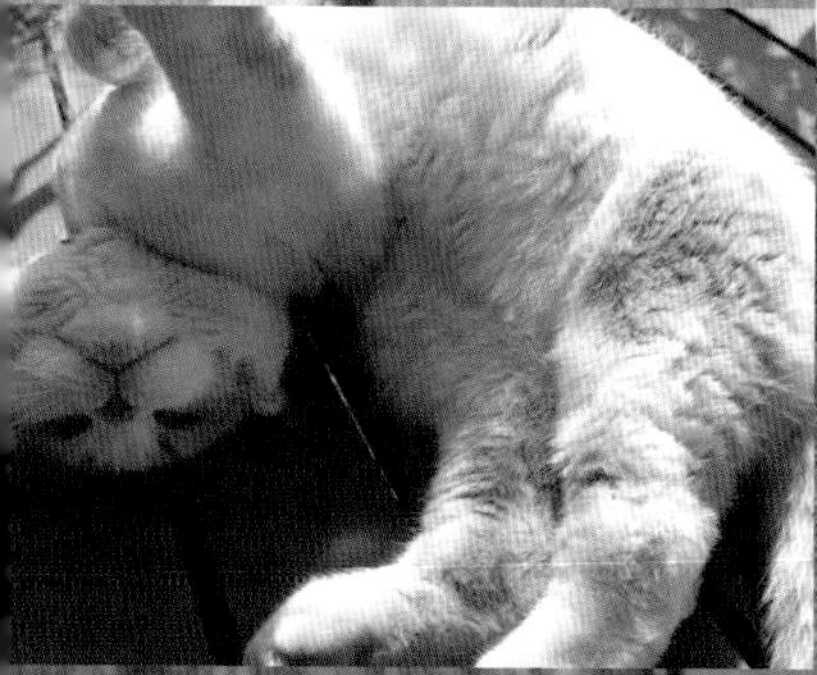

まるはものさし

「養老さんにとってまるとはどんな存在ですか？」と聞かれて、よく「ものさしです」と答えた。

人間社会に長くいると、判断に迷うことがある。まるを眺めていれば、人間社会の〝常識〟に毒されず、物事の本質を見誤ることはないだろう。ものさしにする、というのはそういう意味である。そう思う理由の一つに、まるがしゃべらない、ということがある。

私は、人がしゃべったことは基本的には信用しない。そうなった原因は、1945（昭和20）年8月15日の体験である。

当時、私は小学2年生で、大人たちが敵襲に備え、「鬼畜米英」「本土決戦」「一億玉砕」などと言って一生懸命、訓練をしていたのを憶えている。ところが、あの日を境に、世の中ががらりと変わってしまった。「本土決戦」も「一億玉砕」も、そう言うのだから当然やるものと思っていたが、結局やらなかった。もしやったら最悪の状態になっただろうからやらなくてよかったが、どうせやらないのなら、そんなことを言うなよ、と思った。

戦後は一転して「マッカーサー万歳」となり、全体主義から個人尊重の世の中となった。その体験は私の人間形成に大きく影響し、理系に進んだのも研究対象が人間ではなく、「物」であることが大きい。物は決して嘘をつかない。医学部で解剖学を専攻したのも、死体は決してものを言わないから、作業していて気分が落ち着いた。死体が物かどうかは少し詳しい説明が必要だが、とにかくものを言わないことは確かである。

人間社会はある意味、言葉が支配する社会である。ところが、物事の実態をそのまま言葉で伝えるのは難しい、というより不可能である。よくいって、せいぜい実態を補完するものでしかないのに、それを絶対視しようとするから、戦前戦中の日本のように、言葉に実態を合わせようとするようなちぐはぐが起きる。

だいたい言葉が介在する世界は相手の話を一応は聞かなければならない。黙っていたら、返答を求められる。そういう世界は面倒で、疲れる。

その点、まるはしゃべらない。嫌なものは嫌だし、好きなものは好き。気楽なものだ。配慮もなければ、忖度もない。実に正直である。寝床で添い寝をしていて、朝起きると、えさをくれという。言葉で「くれ」と言えないので、鳴くか、寝ている私の顔をなめるか。

こちらはああ腹が減っているんだなと気付く。それで用事は足りる。えさをやって腹が膨れると、ごちそうさまも言わなければ、ありがとうも言わない。はい、さようならという感じでどこかへぷいと行ってしまう。

感覚が優先する社会

まるやその前のチロだけではなく、わが家はだいたい猫を飼っていた。子どもの頃、いつも不思議に思っていたのは、彼らが何年たってもしゃべらないことだった。

言葉を話すか、話さないか。これは人間と動物の大きな違いである。どうして動物はしゃべれないのか。それは、動物が感覚を頼りに生きていることと関係がある。

例えば視覚も、すごく敏感に物の違いを見ている。チンパンジーの子どもは「カメラアイ」を持っている。カメラアイというのは、目に映った物をカメラのように、ぱっと映像の形で記憶してしまう能力のことで、「写真記憶」「直観像記憶」ともいわれる。

人間は、自分の興味ある物に焦点を合わせて見るから、そこしか憶えていな

い。見た物の大半は家に帰ったら忘れてしまうが、チンパンジーの子どもは目に映った物の細部を短時間で記憶する。大きな部屋に人を１００人集めたとして、私たちはそれをすべて同一の「人」と認識できるが、それができるのは人間だけである。動物はこれをやらない。まずそれぞれの違いに気付く。例えば、その部屋にまるを連れてきたとすると、どうなるか。おそらく別の個体が１００人並んでいると感じるだろう。チンパンジーのカメラアイも、こうした感覚を優先する動物としての能力の一つと私は思う。

同じように、動物は言葉を感覚的に音として捉えている。まるが名前を呼ばれて反応しているのは、おそらく声のトーンによって自分が呼ばれていることを聞き分けているからであろう。

あるいは、白板に黒いペンで「白」と私が書くとしよう。まるはおそらく白色を連想しない。なぜなら、その文字が黒いからである。同じように黒いペンで、「赤いリンゴ」と書いても、まるが認識するのは、そう書かれた黒い線だけであろう。

反対に、人間はなぜしゃべれるのか。それは、意識が優先するからである。人間の意識には、感覚から得た刺激をすぐに脳みその中でたちまち意味に変換し、「同じ」にしてしまうという働きがある。

私たちがその部屋へ行き、１００人の個体を見ても、「人」という概念で一括りにできる。それゆえ、認識を共有して、言葉のやりとりが可能になるのである。だが、それが良いことずくめであるとは限らない。

人間は意識を優先させるがため、何にでも意味を付けようとする。ほうっておくと、実態よりも意味を優先して、ちぐはぐを起こす。自然をコントロールしようとして森林を破壊してしまうのも人間だし、資源を見つければ根こそぎ取り尽くしてしまうのも人間である。先ほどの戦前戦中の言葉の問題も、構造は同じといえよう。

人間社会で暮らしていると、自然に人間社会の垢がたまってくるので、感覚の世界を時々、確認したくなる。まるをものさし、つまりある種の基準として観察することで、私は自分の生き物としての自然な感覚を忘れないように、生身の自分を調整していたのである。

日本人は「実感信仰」

人間社会を見れば、西洋はアジアと比べてはるかに意識中心の世界である。その意識は、自分が見たり触ったり感じたりした物事を、どんどん抽象化していく。いつもいうように、リンゴとミカンがあれば「果物」に抽象化する。それにサンマが加わると「食べ物」になる。抽象化は、このように階層を成していて、「同じ」を繰り返して突き詰めていくと、最後は一つになる。

その頂点は何か。私はそれが、ユダヤ教、キリスト教、イスラム教のような一神教における「神様」であると思っている。ところが、自然を基礎に置く日本人は、物事をそれほど理屈中心で考えない。だから、神様も「八百万《やおよろず》」である。そのような日本人の信仰を、私は「実感信仰」と呼んでいる。西洋のように、唯一神にはならない。ちなみに、西洋的な抽象化の階層でいえば、「実感」は最下層にある。

戦後の日本を統治した連合軍司令官のダグラス・マッカーサーが言った「日本人12歳説」をご存じだろう。議会の委員会で質問に答え「現代文明の基準で測ると、私たちアングロサクソンが45歳であるのに対して、日本人はまだ12歳の少年のようだ」と述べた。彼らが信仰のように大事にしてきた民主主義、自由主義の理想や思想的価値観をものさしにして「成熟度」を測ると、そういう見方になる。

こういう考え方をするのは西洋人ばかりではない。日本人も、西洋側からの視点に立って日本的な感覚を「素朴」とか「原始的」などといいがちである。だが、果たしてそうだろうか。明治以来、日本人は西洋についてよく知ろうとしてきたが、自分たちの特性については西洋型を前提にして批判するという形でしか考えてこなかっただけであろう。だからそのような捉え方になるのである。

例えば日本ではよく、その場の空気で大切なことが決まる。それは悪いことのように思われがちであるが、言葉で言い表せない微妙なところを空気で補完しているわけで、あながち悪いことと言い切れない。いや、そもそも日本人がそれで

うまくいくのなら、むしろ良いことなのではないか。

だいたい日本人は公共工事の談合を、心の底ではそれほど悪いことだと思っていないだろう。現代では法律で禁止されているが、それは建前で実態は今も因習として残っている。西洋的フェアネス（公正）の精神からすると非常にアンフェアネス（不公正）ということになるが、みんなが順番に落札者になれるように、入札業者同士で事前に話し合って「調整」することで、誰も損をしない。それによって、新規参入が阻まれ工事が手抜きになるなどという人もいるだろうが、ひょっとしたら西洋化以前は、日本人は談合と併せてそうしたことをきれいに排除する手だてを持っていたかもしれない。なかったかもしれないし、あったかもしれない。そんなことは今となっては、誰にも分からない。

大相撲で、対戦相手がもう一勝できなければ番付が下がるという局面でわざと負けてやる「人情相撲」がある。これも西洋的な価値観を基準にすると、著しくスポーツマンシップに反することになるが、例えば優勝争いに影響しない消化試

合で星の貸し借りをして、果たして誰が損をするのだろう。

言葉は意識中心の世界が生み出したと述べたが、空気や呼吸といった感覚で大事なことが決まる仕組みが良い場合もあるはずである。どちらが良いかは、時と場合による。少なくとも言葉の世界が、何にもまして高尚とは限らない。

あまり意味を考えてはいけない、理屈にしない方がいい場合もある。「雰囲気」とは、そういうことである。現代人は理屈に合うものが正しいと信じているが、人間そのものが元来、理屈にあったものではない。だいたい、どうして虫なんか調べるんですかと聞かれても、説明できないではないか。大切なものほど、言葉になんかできないのである。

私には、戦後の日本人が民主主義、自由主義を本気になって受け入れたと思えない。日本に西洋で発生した理想主義が本当の意味で根付くのか。平和、人権、民主主義と声高に叫んでいる人を見ると、「あんた、本気で言ってるの？」と言いたくなる。決して揶揄ではない。そういう人ほど言葉に依存している、つまり意識の世界にいるからである。時代が酷くなったら、おそらく人権や平和、民主主義を強く叫んでいる人から順番に壊れていく。一番大きな理由は、先ほど述べた敗戦の体験である。1945年8月15日、一夜にして世の中ががらりと変わったのを見てしまったからである。

営業部長

確かに、まんまるでかわいくて、でっかくて存在感のある猫ちゃんでしたけど、まさかこんなに本を出したり、テレビに出たりするようになるとは思いませんでした。「養老研究所の営業部長」なんて半分、冗談で言ってたら、本当にそうなってしまいました。来客から「まるちゃん元気ですか？」と言われれば、相手も先生も、私も気持ちがほっこりして、それだけでもう場は和みます。

なにしろ天国に逝ってもうすぐ1年がたとうとしているのに、まぁくんのインスタグラム（「まるすたぐらむ」）はまだフォロワーが増え続けてるんです。近くにいたからか、私は、まぁくんのタレント性に気付きませんでした。もちろん、まぁくん自身もそんな気はさらさらなかったと思いますが…。

秘書・玲子の今日もまぁくん日和

コラム②

取材の方が来て、最初は「寝てる写真しか撮れないかも」と心配していたら、まぁくん何と、きちんとお仕事するんですよ！　最近は「今日は撮影だからね」と言うと、心得てましたね。終わるまでそばにいて、取材に応じてくれるんです。私は先生の秘書なのに、途中からは、まぁくんの秘書でもありました。

自分で自分のえさ代を稼いでいたことは確実、……いや、それ以上だったでしょうね（笑）。だからというわけではないですが、良いご飯をたくさん食べて、あちこちを思うままに歩き回ってたので、目はキラキラ、毛はつやつやしていて、いつも健康的でした。

先生は、専門が解剖学で、興味と関心が昆虫採集ですから、講演会でも新聞やテレビのインタビューでも、生き物や自然の話が多くなります。ＮＨＫ番組「まいにち養老先生、ときどきまる」をご覧になった方はご存じと思いますが、少し難しいお話を、先生はまぁくんのエピソードを交えて語ることがありました。その方が親しみやすく、分かりやすくなるので、猫が好きでたまたまテレビを見て養老先生の本を読むきっかけになったという人も結構いたようです。実際、インスタにも「初めて、養老先生の本を買いました」「すてきな先生ですね」というコメントが、たくさん寄せられていました。

まぁくんは、それこそ〝壁〟を取り払って、養老ファンの裾野を広げてくれたと思います。営業部長として、本当に良い仕事をしていました。

まるの生き方

まるはおそらく猫の中でも、付き合いの悪い方だったと思う。前に飼っていたチロは、よくノミをたくさんくっつけて帰ってきた。まると同じように家と外を出入りさせて飼っていたのにチロの方がはるかにノミの量が多かった。おそらく、交流のあった野良猫にノミをうつされてきたのだろう。

猫は孤独を愛する印象があるが、個体によっていろいろ性格があって、寂しくて仕方がないというタイプの猫もいる。チロの場合はそう極端ではなかったが、猫同士の付き合いはよい方だったのだと思う。その点、まるはおそらく猫社会での社交性がなく、〝無口〟で孤独を当たり前に受け入れている趣があった。ほっといてくれ、俺は俺でいいんだ。そういうところは、実に猫らしい猫といえた。

そんな生き方は、羨ましい。周囲に関心を持たない、「自分は自分である」と徹底して生きられたら、社会の煩わしさから解放されてどんなに気が楽になる

か。こいつみたいに生きられたらいいなといつも思っていた。ところが、人間社会であまりに自分だけの満足で完結してしまうと嫌なやつになってしまうから、なかなか徹底はできない。

2020年6月、私は糖尿病から併発した心筋梗塞で、東京大学医学部附属病院に2週間、入院した。新型コロナウイルス禍でその分析も治療も始まったばかりで、もう面会が厳しくなっていた。入院した人は同じ経験をしていると思うが、友人はおろか、家族にも会えない。病院の個室という密室で親しい人と誰とも会えずにいると、私のような人間でも深い寂寥感に包まれる。ああ、俺はこのまま誰にも会えずにあの世にいくのか、という気持ちが襲ってくるのである。実は、私はそれまで自分のことをわりあい一人でも平気な人間だと思い込んでいたが、そうではなかった。孤独を受け入れるのは、実に難しい。まるを生き方の参考にしようとしたのは、結局はきっと私がそういう人間だからだろう。

ブータンの幸福

最近、私は筆でものを書くとき、「自足」という言葉を選ぶ。自足には、「自給自足」というように、「自分で必要をみたす」という意味でも使うが、「自ら満足する」という意味もある。つまり、まるは「足る」を知っているのではないか、ということである。

この「足るを知る」という思想は、生き物の共存を考えたとき、とても重要である。

私は2、3年に一度、ブータンを訪れる。面積は約３万８４００平方キロメートルで九州と同じくらい。人口は75万人というところである。物質的な発展よりも心の安らぎが重視され、「幸福の国」と呼ばれることもある。

チベット仏教から分かれた独自の仏教を教えとしているこの国には、再び現世に戻るという「輪廻転生」の世界観がある。死んでも生まれ変われるという考え方を信じて、自然や生き物を大切にするのである。欲しいものは生まれ変わって来世で手に入れればいいという考えだから、欲望に対して抑制的になる。「自足」という考えが根付いているのである。

首都ティンプーの街を歩いていると、あらゆる場所で野良犬が腹を出して寝ている。首輪でつなげていなければならない日本の犬を見慣れた人には、珍しい光景に思えるだろう。

2016年にあるメディアの取材で行った時のことだ。空港のあるパロからティンプーへ向かう途中、車を降りて休憩していた時に、どんな虫がいるかと木の枝で地面を掘っていたら、野良犬が近づいてきて、前足を使って一生懸命、手伝いだした。この犬にとって人間は感覚的に対等な存在で、えさが欲しいのでもなく、褒めてもらおうとしたのでもなく、ただ好奇心と親切心で私を手助けしたのである。生き物同士の共感としか説明のしようがない。そのことがよく分かったので、思わず声を出して笑ってしまった。

この犬たちの行動が、ある意味、ブータンという国の在り方を象徴している。ブータン人は殺生をせず、動物をいじめたりしない。むしろ「祖先の生まれ変わりかもしれない」と、せがまれなくてもえさを与える。それは犬のような動物だけでなく、山や森などの自然環境にも向けられる。自然からの収奪が少なく、環境破壊が少ないのである。

かつての日本にも他者を思いやり、ほどほどに生きようという人が多かったと思うが、今はすっかりそんな雰囲気がなくなってしまった。１９９５年にＮＨＫの番組で初めてブータンを訪れた時、タイムマシンで高度経済成長前の日本に戻った気がしたものだ。以来、ヒマラヤ山脈の東部にあるこの小国を何度も訪問するようになった。

みんなが自足したら、きっと良い世の中になる。ひと頃、ブータンが「幸福の国」と日本でもてはやされたのは、そういう世界への憧れなのかもしれない。私も自足した存在でありたいと常に思うが、人間社会にいると自分だけというのはなかなか難しい。いくら「俺は、これでいいんだ」と頑張ってみても、家族、友人、仕事といろいろなしがらみの中にいれば難しいところがある。とりあえず、私のすぐそばにいて完全に自足している生き物は、まるしかいない。だから、まるは私のものさしなのである。

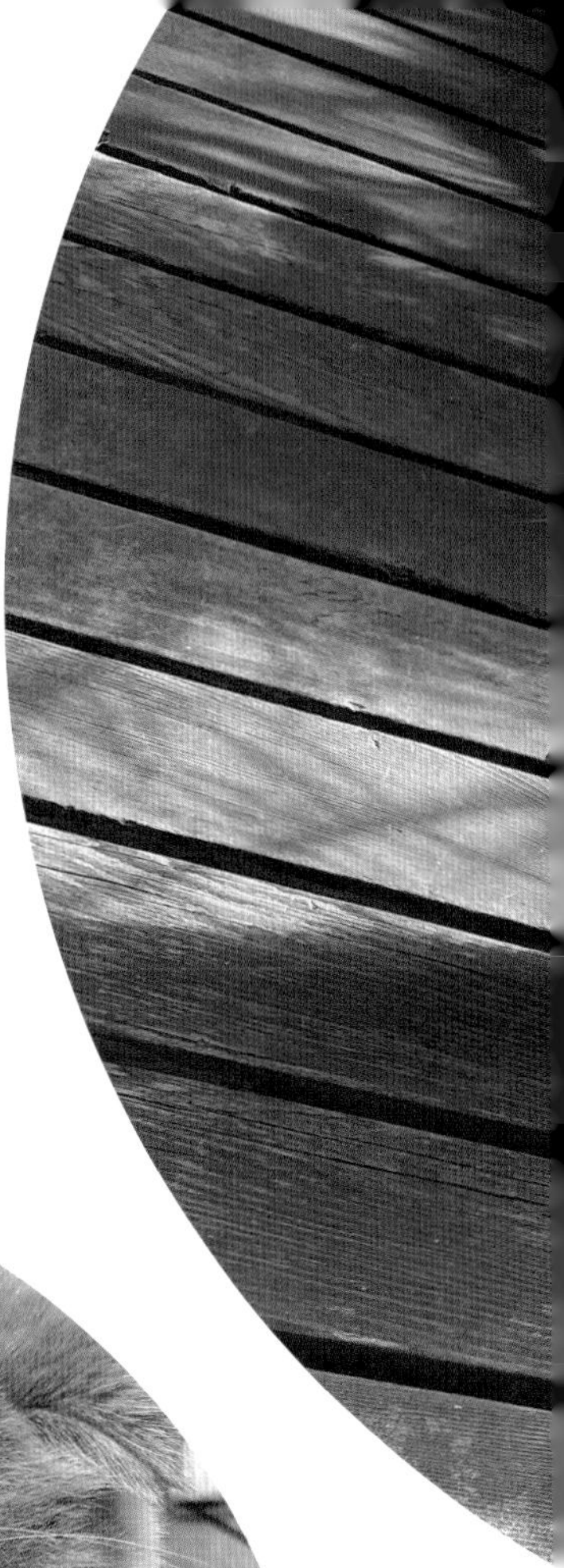

自足する者の強み

自分で足りている人というのは、周りで何が起きても、あまり影響を受けない。もう少しで100歳になる作家の佐藤愛子さんが、「九十八歳。戦いやまず日は暮れず」という本を出した。その5年前には「九十歳。何がめでたい」を出版し、評判になっていた。この方のどういうところが支持されるのか、年寄りが増えたからかなと思って新刊を読んでいたら、理由がよく分かった。一言で言うと、自足しているのである。佐藤さんが夏の間を過ごすため1975年に北海道浦河町に建てた別荘のエピソードを読むと、そのことがよく分かる。

佐藤さんは予算を1千万円と決め、土地を買って家を建てることにした。ところが、工事が進むうちに予定外の出費がかさみ、このままでは家が建たないと言われた。その時、彼女は2階部分の施工をやめる、と大工に告げた。だから、今も階段の先は天井がなく、梁も剥き出しで、床は板を張っただけのがらんどう。

恨みごとをいうでもなく、それを45年もそのままにしているのが、すごい。

普通の人は、後で費用を足して残りを工事するだろう。だが、2階部分は、佐藤さんが「いらない」と思えばいらないのであり、自足した人というのは、こういうことをする。多くの人は、そこに自分との違いを見て、ある種の好感を抱くのかもしれない。

作家で建築家の坂口恭平さんは躁鬱病で、そのような自分といかに折り合いをつけるかで苦労してきた人である。最終的に彼が到達した結論は、一つが居心地の悪い所から立ち去ること。もう一つは自分の気質に合わない作業は無理してやらないことだという。

そこでまた、まるが参考になる。まるは、何か気になることがあると少しのぞきに来て、すぐにいなくなる。する必要のない喧嘩もしない。

人間も生き物なのだから、本来、どんな状況にも適応できるはずである。ところが、いつの間にか、どんな状態なら自分が落ち着いていられるのか、安定し

ていられるのかが、分からなくなってしまった。そこが分からないというのは、生き物としては失格である。だから私はまるを見ていた。見ていると、まるは余計なことを考えず、絶えず自分を居心地の良いようにしていた。本当は、まるのように、みんなが居心地の良い状態を持てればよいのだが、都市社会はその余裕を与えない。自足を見つけるまでの時間や心のゆとりを奪い、すべて何か別のところに費やすことを強要する。
今、猫がブームだそうだが、あまり

にも居心地の悪い世界をつくってしまったから、どこかで「猫のように生きられたらいいいな」と思う人が増えたからではないだろうか。

よく「老後が心配だ」という人がいるが、まるがしゃべったらこう言うに違いない。

「自分がいつ死ぬかも分からないのに、何を心配してんだよ」

天気が良ければ虫を採りに出掛け、雨が降れば家にこもって標本を作る。私は、それで満足である。外で何があっても、最後はそこへ帰ればよい。自足できる時間を持つ人は、強いのである。

死んだ動物のすむ星

先日、ぼんやりとテレビを見ていたら、漫画家の松本零士さん原作のアニメ「銀河鉄道999」が再放送されていた。

その回のタイトルは「ミーくんの命の館」。人気の作品なので改めて説明する必要もないとは思うが、「銀河鉄道999」は、星野鉄郎少年と謎の美女メーテルが、機械でできた永遠の体を求めて宇宙を旅する物語である。列車は毎回、ある惑星に到着してそこでエピソードが始まる。

停車駅「ミーくんの命の館」に近づくと、少年はいつになく寂しさを感じる。意外なのは、到着したその星が、花と自然に囲まれ、食物にも恵まれた過ごしやすい場所だったことである。そして、たくさんの動物たちが平和に暮らしていた。

ところが、少年の身に次々に不思議な出来事が起きる。少年が宿に着くと、巨大な動物が寄ってきたり、就寝中にも動物たちの哀しげな泣き声が聞こえたりす

るのだ。やがて登場する星の女性から、その秘密が明かされる。ここは、死んで飼い主と別れてきた動物たちがすむ星だったのである。猫や犬、鳥だけでなく、イノシシ、トラ、ヘビまでいて、女性は少年に、自分は、かつて人に飼われていた猫の化身だと告げる。

松本零士さんが大の動物好きであるということが、すぐに分かった。さらに冒頭のシーンを見れば、特に猫好きなんだなと分かる。

いつもは停車駅が近づくと汽笛を鳴らす列車が、なぜかここへは静かに降りていく。メーテルはその理由について「驚かしたり、こわがらせたりしないため」と説明する。猫は警戒心が強く、音に敏感である。まるものんびりした性格だったが、静かな場所で突然、変な音がするとぱっと振り向く。それがもっと大きな音だったら大急ぎで逃げたろう。だから愛猫家は、猫のいる場所で極力、異音を立てないことが自然に身に付いている。

後で確かめると「ミーくん」は、やはり松本さんの飼い猫の名前で、今は4代目になるそうだ。そして九州で過ごした子どもの頃も、たくさんの猫に囲まれて育ったという。

松本さんのように新しく飼った猫に、死んだ猫の名前をそのまま与える人がいる。まだ心の中に前の飼い猫がいるうちに新しい猫がくると、そこにすぽっと入ってしまうのだろう。人の心には、そういうことが起きる。

自分よりもはるかに寿命が短い猫との付き合いについて、ある取材に「何度も何度も悲しい別れの時が訪れました。生涯忘れられない、悲しみの繰り返しです」と答えていた。

松本さんはお話の最後に、鉄郎少年にこう言わせている。

「こんな星があると思えば、ネコや犬と死に別れても、いくらか心がやすまるよなあ」

再放送を見たのが、まるが死んで数カ月後のことだったので、ひどく共感した。

男らしさ

一緒にいるといつも笑いが絶えない、楽しませてくれる存在でした。大きなおなかを出してひっくり返っていたり、先生がパソコンで仕事をしていると、自分に意識を向けさせようとするのか、マウスを持った手の上に、ぎゅうっと体重をかけてきたり…。先生は先生で、スーツに着替えてお出掛け前なのに、まぁくんの目線に合わせて、玄関でごろんと横になる。先生は毛だらけですよ。

先生は猫かわいがりしていて、まぁくんをおっとりしていて気の弱い猫だと思っていたようですが、私の見方は違って、実に堂々として、男らしいと感じてました。

あのサイズですから、たぶん喧嘩も強かったはずです。

庭のウッドデッキでごろ寝しているときも、強くなければ、あん

秘書・玲子の今日もまぁくん日和

コラム③

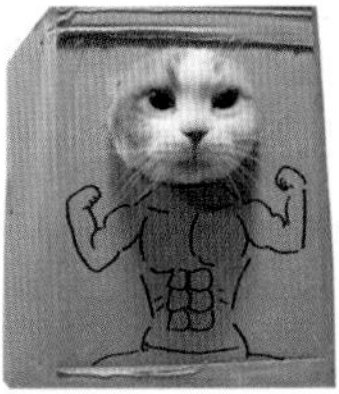

なに無警戒になれないと思うんです。よその猫が家に上がり込んできて、自分のえさを食べて自分のトイレでおしっこをしても、帰るまで表情を変えずに、ただ見ているんです。

私はそんなまぁくんを見て「かっこいいな」と思っていました。大きな優しさというか、男らしい風格というか、「腹が減ってるんなら、まあ食ってけよ」みたいな、懐の深さを私は感じていました。一度、野良猫か狸と喧嘩して泥だらけになって帰って来たことがあります。でも表情はすごく落ち着いていましたしね。

秋が深まって日が短くなり、私が帰宅しようとすると「暗いからその辺まで」という感じで、自転車のある場所まで来てくれます。不思議に「気を付けて帰れよ」という感情が伝わってきます。

変な言い方ですが、そういうときのまぁくんの振る舞いは、まったく偉そうではない。常にニュートラルな感じでした。

今は、なるべく先生の前でまぁくんの話をしないようにしています。一度、「保護猫のセンターに見にいってみましょうか」と冗談めかして言ったことがありますが、結局やめました。私と先生が二人で行ったら、たぶん連れて帰ってきちゃいますよ。だから、行かないんです。行ってみたいですけどね。

ペットロスの解消法は新しい猫を飼うことだと仰る方がいますが、先生は、寂しいけど運命にまかせようと考えているようです。私も、しばらくはまぁくんと一緒にいた思い出を大事にしたいと思っています。

四門出遊《しもんしゅつゆう》

まるは自分の死について考えたのだろうか。

人間は死について考える。動物は、先ほども述べたように、物事を抽象化できないから、死を概念として捉えることができない。何か自分の体に重大な異変が起き、死の間際に「これまでと明らかに違うぞ」と感覚的に察することはあるかもしれない。

動物の中で霊長類はある程度「死」について理解しているという説がある。行動科学が専門の米国人学者フランシーヌ・パターソン博士が、雌のローランドゴリラに、独自の手話を教えて、どのくらい言葉を理解するかを調査した。ゴリラのココは1000語の手話をマスターしたといわれ、ある時、博士が「ゴリラは死ぬとどこへ行くの？」と質問したら「苦労のない穴に」と答え、「いつ死ぬの？」と聞くと、「病気、年を取って」と伝えてきたという。ただ、ゴリラも普段から自分の死について深くは考えていないだろう。

動物の中で、死について考え、悩むのは人間だけだと思う。だから、人間の世界には宗教がある。

京都で講演した時のことである。土地柄もあって、仏教の話になった。そこで、インドのような文明が興った地域は、人間の意識が造り上げた都市社会が古くからあったという話をしていた。講演を聴きに来ていたお坊さんが「先生の仰ることは『四門出遊』の話ですね。そのことがよく分かりました」と言った。

「四門出遊」は、釈迦が若い頃、城にあった四つの門から出て、老人と病人、死人、修行者に出会って、出家する意志を固めたという有名な説話である。

ある日、シッダルタ（釈迦）が遊びに行くために、カピラヴァスツという城の門から出たところで老人に出会う。城というと建物をイメージされると思うが、この場合は都市空間のことで、中国やインドのような大陸では通常、壁に囲まれている。

シッダルタが次にその城壁の南門から出ると、病人がいた。次に西門を出ると、死人が横たわっていた。そこでシッダルタは、人間にとって「生」「老」「病」「死」、すなわち四苦は避けられないものだと知り、世の無常を感じる。最後に北門を出たところでバラモン（出家者）と出会い、自分の進むべき道を決めた、というお話である。

ある日、解剖で死体を目の前にしていた時、ふと京都のお坊さんの言葉を思い出した。

死体は、生老病死の最終段階である。いわれてみれば、目の前の死体は、ごく自然に人間の傍らに元から常にあったものだ。生まれて年を取り、病気を患って、死に行き着く。その自然性は、人間にとって制御不能なものだから、必然的に「ああすればこうなる」という意識の中には入れられない。そう考えると、「四門出遊」は自然と人工物、つまり感覚と意識の関係を、見事に表現した寓話であると解釈できるのである。城壁は通常、外敵から守るためのものだが、ここではある種の結界を示している。城壁内の人工物（＝意識）と、その周囲に併存する自然（＝感覚）との関係を暗示しているのだ。

釈迦はその結界を越えた時に、初めて世の無常を知った。門をくぐり出て障壁の外へ一歩踏み出して、意識の中にとどまるうちは分からなかった人間の自然性に気づくのである。

この時の釈迦は、都会人そのものである。先ほどの日野啓三さんもそうだが、都会人は死人を見たことがない。生老病死から遠ざけられた「ああすればこうなる」の世界に住み続けている。自分の意識とは無関係にこの世に生まれ、年を取り、病を患い、いつか分からぬが、やがて死んでいく。都会人は死を見たくないし見ようともしないので、いざ己の自然性に直面したとき、自分自身の前提を壊さなければならない。だから、釈迦は悩んで出家したのだろう。仏教は都市から発生し、都市化では得られなかったものを補強するための宗教のような気がしている。

大学院生の時代に読んだ手塚治虫さんの漫画「火の鳥　未来編」に、高度に知能が発達したナメクジの話が出てくる。手塚さんは、本来は人間が担うはずの役どころに下等動物の象徴としてのナメクジを充てることで、意識と感覚の関係を風刺しているのである。

下等動物から進化を遂げたそのナメクジは、死ぬのを極端に恐れる。天変地異によって文明が滅び、最後の生き残りが死のうとする時、神に向かってこう恨み節を言う。「なぜ私たちの先祖はかしこくなろうと思ったのでしょうな」「もとのままの下等動物でいれば、もっとらくに生きられ、死ねたろうに」

自分が死ぬということは、果たしてどのようなことなのか。動物はおそらく人間が考えているようには死を意識しない。死は、経験した瞬間にその記憶は消えてしまう。だから死ぬということがいったいどういうことなのか、誰も知らない。だから、考えるしかない。そして、考えるとしたら頭の中にある世界をつくって、離れたところから自分自身を見るしかない。人間は自分の死をシミュ

レーションできる側で生きており、常にそのような見方しかできない。それをできるのは人間の意識だけで、そうなったこと自体が、人間における面倒くささのそもそもの始まりである。だが人間だって生き物であることには変わりはない。取ろうと思えば動物の立場を取れるはずだ。だから私は、まるを「お前のようになれたらなあ」と思って見ていたのである。

まるは最後まで自分が死ぬということを考えなかったと思う。なぜならそれは、まるの世界ではないからである。

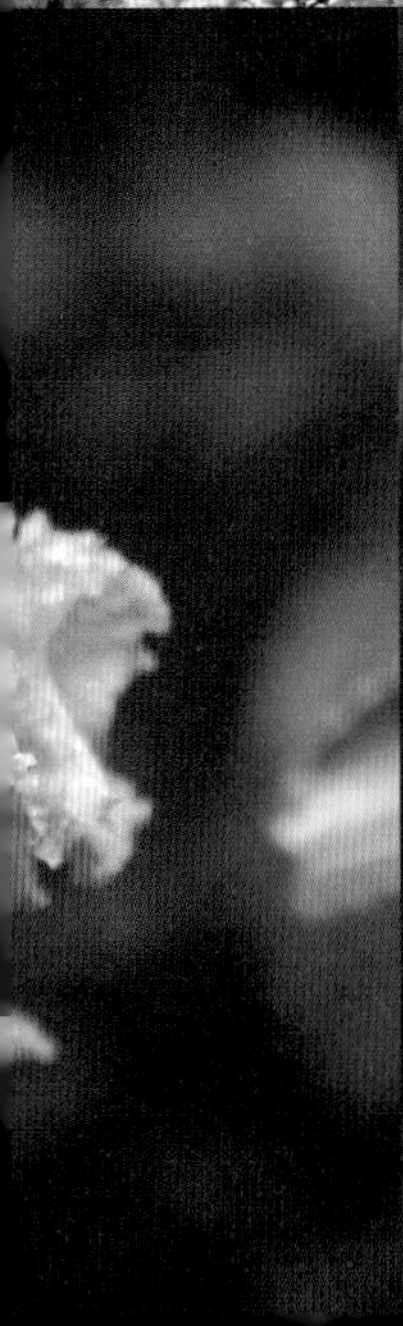

大切なのは生き物らしさ

最近は、猫を外に出さない人が増えた。東京でマンション暮らしの娘は2匹の猫を飼っているが、やはりベランダにしか出さない。猫は犬のように散歩しなくてもストレスなく過ごせるというが、私はまるを自由に出入りさせていた。鎌倉の家は道路の行き止まりで、車の通りが少ない場所だということもある。だが、そもそも動物が外を歩くのは当たり前と思っている。

動物を家に閉じ込めてしまうと、やがて生き物らしさが失われてゆくことは間違いない。自分自身も生き物としてできるだけ自然に生きたいと思っているのに、飼い猫を家に閉じ込めてしまうのは、二重基準（ダブルスタンダード）である。

子どもの頃から虫を採っているくらいだから、本当は昆虫の研究をやりたかった。ところが当時は虫をやるなら、北大か九大へ行くしかなかった。母子家庭な

ので遠くへは行けない。それで東京農大へ行きたいと言ったら母親から「私立へ行くなら金は出さない」と言われて、結局、東大医学部へ進んだ。そして研究者の道へ進もうかという時に、生物をテーマにすることも考えた。ただ、生き物をありのままに観察するような研究は当時、霊長類くらいで、生物学で将来を有望視されていたのは、生物物理学や分子生物学のようなジャンルだった。

生物物理学は、生き物の生命を物理学的な手法で解析する研究である。私は「生物」と「物理」は本質的に相容れないものと思っている。なぜなら物理学は、理性で世界を把握しようとする学問で、生き物の世界は、とても理性で割り切れるようなものではない。

例えば、理性で生き物を扱おうとすると、実験室で同じえさを決まった量だけ与え、室温も一定に保って育てなければならない。そうしなければ「客観性がない」ということになる。

だがよく考えると、そんなふうに生きている生き物が果たしているのか。

野生動物が生き物本来の姿であるならば、生息条件は個体ごとにバラバラである。つまり、画一化された条件下で育てたマウスはもはやマウスではなく、新しい何だかよく分からない別の生き物ということになる。

だいたい、何の拍子でいつ滅びるかも分からない自分の身体が、自然そのものではないか。そんな自分が休日は森で虫を採り、仕事では物理科学的に生物を扱うと、生き方がダブルスタンダードになる。仕事に一生懸命になればなるほど仕事の論理が身に付き、やがてはどちらかが嘘になりかねない。そのうち、自分の人生が嘘になって、仕事の方が本当になってしまわないか。自分はそんな器用な生き方はできないし、したくないと思った。

猫を外へ出せば、交通事故や伝染病と心配は切りがない。それでも、まるをできるだけ自由にさせたかったのは、私がダブルスタンダードを避けた理由と同じで、その方が生き物として嘘がないと思ったためである。

多様性の否定

人間の意識は「同じ」に向かう。最近、怖いと思うのは新型コロナウイルスの予防ワクチンである。日本で多くの人に接種が始まったのは、製薬会社ファイザーとバイオテクノロジー企業モデルナが開発した遺伝物質「メッセンジャーRNA」を主成分としたワクチンである。筋肉注射で、人間の体に新型コロナウイルスの特徴を覚えさせ、本物のウイルスに対抗する免疫をつけるという仕組みだ。

今でもワクチンに慎重で打たない人がいるように、遺伝物質を体に入れることには抵抗感を示す人は多いはずで、新型コロナウイルスがなければ、このような膨大な人数に注射する機会はなかったであろう。このことは、大量の人体を使って遺伝子の実験をしたいバイオテクノロジー産業にとって、大きなハードルだったはずである。遺伝子組み換え作物がひと頃騒がれていたように、歴史を見れば、食物であろうが何であろうが、それを人間に使うことに対しては、長い議論があった。それだけ遺伝子の問題は、生命倫理に関わりが深いからである。

ところがコロナ禍をきっかけに、多くの人々が進んで、遺伝物質を体に入れることになった。今回の新型コロナウイルスワクチンの主成分メッセンジャーRNAは、細胞の核に入ることができないので、ヒトの遺伝子の情報に変化を加えることはないと説明されている。だが、少なくとも遺伝物質を何十億人というヒトに注射したという既成事実はつくられてしまった。越えがたい壁を、コロナがいとも簡単に越えてしまったのである。これで人々の心理的抵抗がかなりなくなったであろう。

次の段階として私が思うのは、これを機に、遺伝子操作して人間そのものを変えようとする議論が水面下で一気に進みはしないか、という懸念である。

医療が当初の目的を超え、遺伝子工学によって運動能力や知的レベル、精神力を強くする「ヒューマン・エンハンスメント」という概念がある。特にアメリカは伝統的に個人主義を重視する国だから、そういう発想が起きやすい。歴史を見る限り、人間はできると思ったことはやってしまう。原子爆弾がいい例だ。当時、あれをつくった人に「何であんな物をつくったんだ?」と聞いたら、「できると思ったから」と言うに違いない。そのような発想を基に、遺伝子操作によって個人の能力を上げ、第2のスティーブ・ジョブズやビル・ゲイツをつくろうとする人たちが出てきても不思議はない。これも、多様性の否定であろう。

二度と戻らない日々

　私は先生の秘書だから、まぁくんは私の飼い猫ではない。でも、すごく懐いて信頼してくれていたし、本当に不思議な、不思議な関係でしたね。

　いるだけで心が温かくなる猫ちゃんでした。次に新しい子が来たとしても、すごくかわいがるとは思いますが、まぁくんの代わりにはたぶん、ならない。なれないでしょうね。やっぱり、まぁくんは特別。

　先生とまぁくんの関係は、親子のようでおじいちゃんと孫のようで、とにかく「お見事」といっていいほど、お似合いでした。まぁくんがいると先生はいつも笑ってました。何をされても、笑ってました。鎌倉の自然に囲まれたお庭でのツーショットは、本当に一つ

秘書・玲子の今日もまぁくん日和 コラム④

の絵みたいに景色に溶け込んでいましたね。

こういっては何ですが、二人は性格が似ています。

まぁくんはテレビカメラでも、自然に撮影してくれるのは抵抗がないんですが、わざとレンズに顔を向かせようとしたら、嫌な顔をします。先生も、昆虫採集に同行する取材の方に唯一、守って頂く条件は「虫採りの邪魔をしないこと」。つまり「採集中にポーズなどを要求しないで」ということです。好きにやっているところを勝手に撮るのはＯＫです。

秘書に対する態度、振る舞い、気の使い方も似ていますよね。慕ってくる人は寛容に受け入れるところがありますが、居心地が悪いと感じてきたら、事情の許す限りですが、いつの間にか、いない（笑）。

朝、出勤すると、門扉を開けて庭を通って、まず、まぁくんに

「おはよう」と言ってから家に入っていたので、今もつい目で探しちゃいます。ここへ来て、姿が見えなかったことはまずなかったですからね。16年間、このお庭の同じ景色を、四季の移ろいを一緒に見ていたと思うと、寂しくて寂しくて…。まぁくんがいなくなってすぐは、このお庭を見るのもつらかったです。

養老先生がいて、奥さまの朝枝さんがいて娘の暁花さんがいて、まぁくんがいて私がいて、この養老家、養老研究所という場所の雰囲気、空気が自然につくられていたんです。まぁくんがいないとやっぱり何かが違う。いなくなって、そのことに初めて気付きました。二度と戻らない日常ですが、本当にすてきな日々でした。まぁくん、本当にありがとう。

安藤忠雄さんからの手紙

まるは心臓が悪かったのに特に食事制限もせず、よく長生きしてくれた。好物はマヨネーズで、しかも舶来品の「ベストフーズ」がお気に入りだった。好きなときに出掛け、好きな時に帰ってきた。気ままなようでいて意外に社会性もある。来客があると必ず居間にやってきて、ソファの真ん中で観察していた。女房がお茶の指導をしていて、茶室で茶を点てようとすると必ず畳のど真ん中に居座り、客人にちやほやされる。やがて捕まってつまみ出されるのがお決まりだった。そして飽きると、外へ出掛けていく。

感覚の世界で生きているから春夏秋冬、日々の体験は新鮮だったはずだ。庭へ出て感じる日差しや、雨のしずく、風に揺れる木々も葉っぱも、目に映る花鳥風月は一つとして同じものがない。「日々新た」である。いつも「ストレスなんか、あってたまるか」という顔をしていた。まるのことを先ほど「自足」と表現

したが、これでいいんだというある種のふてぶてしさをまとっていて、それが見ていて楽しかった。一緒にいると、こちらが何をしていても「所詮、お前はお前だろう」と言われているような気がして、仕事をする気が失せるのである。

まるがメディアで紹介されてからは方々から反応があり、建築家の安藤忠雄さんの批評が面白かった。２００８年3月、新聞に載ったまるの立ち姿を見て、わざわざ手紙をくれた。「すごいネコです。日本社会のフラフラをにらみつけておもしろいです。足の太さだけでも天然記念物です」。昨年6月には、テレビで放送されたまるの映像を見て「やっぱりまるは最高です」と、今度はまるの似顔絵を描き添えてくれた。おそらく安藤さんご自身が世の中をにらみつけていて、まるの風貌からそういう匂いをかぎとった。何かが、感性に触れたのだろう。似顔絵が、マイペースでふてぶてしいまるの表情を掴んでいた。

私からすれば、まるは何だか安藤さんみたいな猫である。いつも堂々としていて、どこかふてぶてしくて、「どうだ、何が悪い」という感じがよく似ている。

ともかく、安藤さんもまるの特徴と面白みをよく捉え、深く親しみを感じてくれていたことが短い文面から、よく分かった。

散歩

新型コロナウイルス禍で、出掛ける機会が減ったため、特に注意して散歩をするようになった。最近は、鎌倉の自宅から建長寺との往復約1・6キロメートルの距離を歩いている。

元々散歩は好きで、まるが生きている頃は仕事がない日に一緒に出掛けることもあった。さすがに建長寺までは連れて行けなかったが、私と一緒に出掛けるときは、普段は行かないような場所にも付いてきた。猫はこちらがペースを合わせてやると、安心して付いてくる。まるも私の前をとことこ歩きながら、時々後ろを振り返って姿を確認していた。たまの遠出が楽しかったのだろう、いつまでも帰りたがらないので、こちらの辛抱が切れることもあった。

猫は探索する動物である。飼っている人なら知っていると思う。何か変わったことはないか、自分の生活範囲をしょっちゅうパトロールしている。家と外を自由に出入りさせていたので、まるは屋外で自分が安全でいられる生活圏を、よく知っていた。もし家に閉じ込めていたら、感覚が鈍って、どこまでが安全な範囲か判断できない生き物になっていたであろう。

スマートフォンを持ち歩くようになって、最近よく使っているのが、植物図鑑のアプリである。一人で散歩中に名前が分からない草花があると写真を撮る。すると、アプリが瞬時に識別して植物の名前を教えてくれる。虫は植物につくので採集家は自分が集めている虫のいる草木は知っているが、知らない種類もある。名前が分からない植物を見かけると、レンズを向けるのである。これがなかなか楽しい。いつの間にか、スマホが必需品になってしまった。

そうやって鎌倉の道を歩いてつくづく実感するのは、虫がいなくなったなあ、ということである。子どもの頃と比べると、驚くほど数が減っている。

虫塚

鎌倉市の建長寺に、虫塚を造った。2015年初夏に完成して以来、毎年6月4日の「虫の日」に法要を営み、参加者とともに手を合わせている。

なぜ虫塚を造ったかというと、私が70代の後半に差し掛かり、墓をどうしようかとなった時、女房が「虫塚を造る」と言いだしたからだ。建長寺のご厚意で許可をいただき、建築家の隈研吾さんに設計を頼んで完成したというわけである。

目的は私が長い間、虫を採集して標本にしてきたのでその供養のためだが、それ以外にもある。

昆虫採集をしていると、「残酷だ」と言われることがある。

だがそういう人に言いたいのは、1台の車が廃車になるまでに、どのくらいの虫を殺すと思うか、ということである。高速道路を走る車のフロントガラスに当たった虫の死骸についてはどう思うのか。せいぜい「ガラスが汚れた」としか思わないのではないか。あるいは工事でその高速道路を造るとき、また広範囲に農薬をまいたとき、どれほどの生き物が死んでいるか。確実に大量に死んでいるはずである。

本当に残酷なのは、このように自覚がないまま加害するケースだろう。そういう人は根こそぎいくから大量殺生、大量破壊につながりやすい。

私が子どもの時代よりも、全体が加害者側の気持ちになって考える習慣が希薄になっている。なぜなら民主主義の時代になって、他人に向けて圧倒的な権力を振るうことはない。そういう世の中では、ほとんどの人が、自分は権力を行使される側の人間だと思っている。それぞれは、そのような横暴な人間だと思っていない。だから、地べたにいる小さな虫を踏みつぶしても平気である。自分が圧倒的な強者であるということに自覚のない人ほど、目に見えないほど無力な存在には、かえって徹底的に権力を振るう。庭の木を切るときも、そこにどれほど無数の生き物が共生しているかは考えない。おそらく頭の中では「木が邪魔だ」としか考えていないであろう。

もちろん「だから木を切るな」などと言いたいのではない。力を行使するにしても、それが自分の都合でたくさんの弱者を殺めることにつながっているのだと、せめて自覚くらいはしておきたい。

都会の人は、自分は自然と関係ないと思っている。周囲に人工物ばかりを置いて、自然の物を極力排除してしまうから、自分も自然の一部なのだということを、すぐに忘れてしまう。嫌いでもいいから、たまには虫のこと、自然のことを考えてみてほしい。時々思い出してもらえれば、また新たに何かを考えるきっかけが生まれるはずである。

こだわらない心

日本にはさまざまな供養塚があるが、普通は自分が殺生したものを慰霊することが目的である。だがこの虫塚は、私自身も入ることにしている。さらに、採集家でも殺虫剤メーカーの人でも、虫と関わりのある人たちなら誰でも入っていいことにして、大変自由度の高い墓にした。なぜそんな形式にしようと思ったのか。理由の一つに、日本における墓の問題があった。

日本の墓は、伝統的に家を一つの単位にして先祖を祀《まつ》り、家督が引き継いで管理してきた。しかしながら、明治以来続けてきた家制度が、1947年の民法改正で廃止された。〝家〟が法的に保障されなくなっても、日本人はしばらくその慣習を続けてきたが、制度廃止から70年で何が起きたかというと、墓守しない人が増えてしまった。都市への一極集中が進んだ戦後からの道のりを思えば当然の成り行きだが、田舎を出て都会を目指した人の中には当然、家督を引き継いだは

ずの長男も含まれる。お経を上げて「墓じまい」するならまだしも、先祖と縁を切って上京した人もいるので、長らく放置されて無縁墓が増え、田舎の方でその処置に困る寺が続出したのである。

家のつながりで墓を維持しようとすると、このようにいったん断絶したらそれで終わり。お寺にも迷惑が掛かるし、一代で終わるような墓なら私もいらない。だから、家だけで括るのではなく、趣味や職業のつながりまで広げた方が長続きするのではないかと考えた。建長寺は創建以来760年以上の歴史がある。この先もお寺が続いてさえいれば、虫塚も続くはずである。これも、一種の永代供養であろう。

殺生する側とされる側が同じ場所に入るなんて、かなり大胆で不思議な墓だと思われるに違いない。奈良の薬師寺の高田好胤さん（1924〜98年）が、繰り返しこう語っていた。

「かたよらない心　こだわらない心　とらわれない心」

これは、高田さんが、人々が理想郷へ向かうときに邪魔となる「我執」（エゴイズム）を打ち消すためにどうすべきか、心のありようを説いた言葉である。

仮に「心」を「仏教」としたら、どうであろう。

「かたよらない仏教　こだわらない仏教　とらわれない仏教」

こだわらないのが仏教の良さであるなら、古い慣習や常識にとらわれない、まったく新しい墓があってもいいはずだ。風変わりな供養塚は、こうして出来上がったのである。

特別な猫

　原稿を書く仕事はほとんど鎌倉の自宅ですることが多く、週の半分は箱根の家に来て虫の標本作りをする。昔から解剖でも標本作りでも、放っておくと際限なく続けてしまうのが性分なので、女房がいてちょうど良い。いれば、何かと付き合わざるを得ないから、そうそう自由にもしていられない。鎌倉の家ではそこにまるがいたから、さらに気が紛れて気持ちが落ち着いた。

「寂しいだろうから、もう一度、飼ったら」と人から勧められるのだが、ことはそう簡単ではない。猫は家につくからおいそれと箱根に連れてくるわけには行かないし、そうすると、女房に世話をしてもらうしかない。残念ながら、私の気持ちだけでは簡単に決められない事情がある。

　まるは食べ物を盗んだり、汚したりということもしない。猫嫌いだった女房の癇に障るようなことは一切しない。だから女房もまるが好きだった。図体ばかり

でかく、それでいて、いるのかいないのか分からないほど行動が目立たなかった。そうやって家に、家族に自然に溶け込んでいた。娘も「あの子、出来過ぎなくらい、わが家にぴったりだった」と言う。果たして新しい猫を連れてきて、まるのようにしっくりくるか。これぱかりは飼ってみなければ分からない。

まるがいなくなってから、間もなく1年がたとうとしている。

毎日あいさつを交わすのでもなく、置物みたいに、ただ縁側に寝転がっているのをこちらが眺めていただけなのだが、それだけで心が温まる気がしていた。死んで分かったことは、結局は、向こうが私を気にかけていたのではなく、こちらが向こうを気にかけていたのだ。それが突然、いなくなった。よく「心にぽっかり穴が空いた」という。だが、それでは言葉が足りない。おそらくいくら探してみても言葉は見つからないだろう。言葉というものは、ことほどさように、無力である。

あらためて不思議に思うのは、まるはどうしてわが家へやって来たのか、とい

うことである。あいつはいったい、何だったのか。なぜ、俺は関わりを持ってしまったのか。仏教でそれをご縁というが、縁がどこでどうつながっていたのか。「前世で何かがあったのだ」「何かの生まれ変わりだ」という人たちの気分も分かる。その一方で、そういうものがあったとしても、なかったとしても、どうでも構わないような気もしている。

現に、まるはそこにいた。それでじゅうぶんではないか。（了）

あとがき

まるのお骨はまだ家にある。墓がないわけではない。要するに埋めたくない。私が墓に入る時に、一緒に埋めてもらいたいと思っている。さして長い辛抱ではないだろう、と思う。

この本は、いささか長いとはいえ、まるの墓碑銘である。まえがきに「かけがえのない」と書いたが、そういう存在に好き嫌いは関係ない。かけがえのないものは、良いも悪いもないものだからである。ともあれ以前は「まるがいた」けれど、今は「いなくなった」というだけのことである。

まるがいなくなって、ほぼ1年になる。まだ、ついまるを探す癖は抜けない。まるが好んで寝転がっていた縁側に目がいく。ポンと頭を叩いて、「バカ」というと、少し迷惑そうな顔で薄目を開ける。それができなくなったのが残念である。時々、骨壺を叩いてみるが、骨壺の置き場所が、まるが普段いたところと違うので、なんだか勝手が悪い。

「安らかに眠れ」というのが欧米の墓碑銘の紋切り型らしいが、いつも寝てばかりいたまるの墓碑銘としては、屋上屋を架すの感がある。カントの著作「永遠平和のためにZum ewigen Frieden」はカントがどこかの墓碑銘から採ってきたといわれるが、この方がいいかもしれないと感じる。みんなが〝まる状態〟になれば、まさに世界は平和であろう。

参考文献

読売新聞（「交遊録」２００８年３月６日、13日、27日付夕刊、４月３日、10日、17日夕刊）
ブルース・フォーグル（日本語監修・小暮規夫）「新猫種大図鑑」（ペットライフ社、２００４）
稲垣栄洋「生き物の死にざま」（草思社、２０１９）
養老孟司「バカの壁」（新潮社、２００３）
養老研究所「うちのまる　養老孟司先生と猫の営業部長」（ソニー・マガジンズ、２００８）
養老研究所（写真・関由香）「そこのまる　養老孟司先生と猫の営業部長」（武田ランダムハウスジャパン、２０１０）
養老孟司「死の壁」（新潮社、２００４）
袖井林二郎「マッカーサーの二千日」（中央公論社、１９７４）
共同通信社編「世界年鑑　２０２１」（共同通信社、２０２１）

佐藤愛子「九十八歳。戦いやまず日は暮れず」（小学館、２０２１）

佐藤愛子「九十歳。何がめでたい」（小学館、２０１６）

坂口恭平「躁鬱大学　気分の波で悩んでいるのは、あなただけではありません」（新潮社、２０２１）

松本零士「銀河鉄道９９９　第7巻」（少年画報社文庫、１９９４）

F・パターソン、E・リンデン（都守淳夫訳）「ココ、お話しよう」（どうぶつ社、１９８４）

中村元（監修・前田専学）「仏典をよむ1ブッダの生涯」（岩波現代文庫、２０１７）

手塚治虫「火の鳥　２　未来編」（角川文庫、２０１８）

プロフィール

養老孟司（ようろう たけし）

1937年、神奈川県鎌倉市生まれ。東京大学名誉教授。幼少時から親しむ昆虫採集と解剖学者としての視点から、自然環境から文明批評まで幅広く論じる。東大医学部の教授時代に発表した「からだの見方」で89年、サントリー学芸賞。2003年刊行の「バカの壁」は450万部を超える大ベストセラーとなった。

平井玲子（ひらい れいこ）

2005年5月、養老孟司の秘書として有限会社養老研究所に入社。10年3月、インターネットで「そこまるブログ」をスタートさせ、まるの写真を投稿し始める。19年11月には「まるすたぐらむ」を開設。まるのフォトブック「そこのまる」「うちのまる」やDVD「どスコい座り猫、まる。」の制作にも携わる。

まる ありがとう

2021年12月21日 初版第一刷発行
2021年12月28日 初版第二刷発行
2022年 1月20日 初版第三刷発行
2022年 2月 5日 初版第四刷発行
2022年 3月 6日 初版第五刷発行
2022年 3月30日 初版第六刷発行
2022年 9月28日 初版第七刷発行

著者 養老孟司
写真 平井玲子
構成 大津薫
発行者 内山正之
発行所 株式会社西日本出版社
〒564-0044 大阪府吹田市南金田1-8-25-402
[営業・受注センター]
〒564-0044 大阪府吹田市南金田1-11-11-202
TEL:06-6338-3078
FAX:06-6310-7057
郵便振替口座番号 00980-4-181121
http://www.jimotonohon.com/
編集 竹田亮子
装丁 LAST DESIGN 磯口友次
協力 大津徹郎
株式会社ドキュメンタリージャパン
印刷・製本 株式会社光邦

ISBN978-4-908443-67-1